AF499925

ROBERT 1989

Dr CH. THOMAS-CARAMAN

PARIS

LIBRAIRIE MÉDICALE

O. BERTHIER — E. BOUGAULT Succr

77, BOULEVARD SAINT-GERMAIN, 77

CONSIDÉRATIONS

SUR LA

Procréation Volontaire

D'un Garçon ou d'une Fille

Dr Ch. THOMAS-CARAMAN

CONSIDÉRATIONS SUR LA Procréation Volontaire D'UN GARÇON OU D'UNE FILLE

D'après la Loi de l'Alternance des Germes ou Ovules de la Femme

SUIVIES

De l'examen des doctrines, théories, fictions Émises depuis Hippocrate jusqu'à la découverte de cette Loi.

Illustrations de P. AVRIL

NOUVELLE ÉDITION

PARIS
LIBRAIRIE MÉDICALE
O. BERTHIER — E. BOUGAULT Succr
77, BOULEVARD SAINT-GERMAIN, 77

AVIS AU LECTEUR

Cette nouvelle édition, illustrée par P. Avril, a été revue, corrigée et fort peu augmentée.

Dans les premières éditions de La Petite Bible des Jeunes Époux *elle formait la seconde partie du volume. J'ai jugé à propos de la publier à part en une charmante plaquette.*

N. B. — La première édition a paru sous le nom de *Docteur Ariste*. Rouge, rue du Vieux-Colombier, imprimeur.

Les autres, sous le nom de *Docteur Ch. Montalban*. Jouaust, imprimeur des Bibliophiles.

CONSIDÉRATIONS

SUR LA

Procréation Volontaire

La genèse de la loi de l'alternance.

Le lecteur enclin à la malice, le mari auquel la nature a accordé ses faveurs avec réserve, l'heureux époux qui n'a rien à envier aux familles de ses amis, la femme qui peut montrer comme Cornélie, la mère des Gracques, une belle lignée d'enfants de l'un et de l'autre sexe, se demanderont peut-être à quoi bon se torturer l'esprit, se creuser la tête dans le but de dégager, d'extraire de l'inconnu la solution du problème de la procréation des sexes, de la possibilité d'obtenir à volonté un garçon ou une fille. C'est une loterie, un mystère, affirmeront-ils, et nul n'arrivera à l'éclairer des lumières de la science.

Tout autre est le raisonnement des pères et des mères que la fatalité (*sic*) poursuit sans trêve ni merci.

Un souvenir, à ce sujet, qui remonte bien loin dans le passé et qui me fut conté par une personne bien chère.

Un commandant de gendarmerie avait voué la haine la plus vive à un officier de ses subordonnés qui était le serviteur le plus intelligent, le plus ponctuel, le plus dévoué de tout le département.

A chaque inspection semestrielle, ce commandant exhalait sa rancune, sa mauvaise humeur, sa partialité en des remontrances sans rime ni raison. L'officier victime de cette injustice constante, acharnée, avait beau en chercher les causes.... Il ne les trouvait pas et passait son temps à broyer du noir. Un jour, allant au chef-lieu du département, il rencontra un camarade et lui narra longuement sa pénible situation. L'autre se mit à sourire et lui dit : « Vous avez deux garçons... et il a quatre filles! La jalousie le mine... changez de résidence... votre avenir en dépend.... Du caractère que je connais à ce fantoche, il vous nuira tant qu'il pourra, espérant provoquer, de votre part, un acte de révolte, d'indiscipline qui vous fasse mettre en disponibilité par retrait d'emploi. »

J'ai connu en mon jeune temps, une belle et honneste dame dont le mari occupait une très belle situation dans les Eaux et Forêts, qui ne pouvait se consoler d'avoir donné le jour à quatre filles.

Elle très belle, très svelte encore malgré ses grossesses, cessa tout commerce amoureux avec son mari qui l'adorait, lui jetant à la face chaque fois qu'il la désirait, et même devant des intimes : « Laisse-moi tranquille...

tu n'es bon qu'à faire des filles.... »

Elle prit un amant, deux amants... plusieurs... on ne les comptait plus... même de jeunes externes du lycée, jusqu'à ce qu'elle engrossât. Quand la cargaison fut certaine, complète... elle fit risette à son mari. Elle eut enfin un garçon. Et le plus drôle, c'est que Monsieur Sganarelle trouva qu'il lui ressemblait!

Je me rappelle souvent les doléances, les lamentations d'une dame, fort belle encore, qui n'avait pu procréer que des garçons.

J'en ai eu sept, docteur, en neuf ans de mariage. La trentaine approche et je ne peux faire entendre raison à mon mari très vigoureux, très ardent au culte de Vénus, qui ne sait pas maîtriser ses passions. Que je sois en pleine floraison mensuelle ou non... peu lui importe.... Je dois me soumettre à ses désirs! « Je veux une fille... je veux une fille... tant que tu ne m'en auras pas fait une, je te caresserai à ma guise. » J'ai beau pleurer. le menacer de fuir, faire appel à son bon cœur, lui montrer dans quel état il me met, ma santé s'altérer chaque jour, mon corps se flétrir rapidement, il reste sourd à mes prières. « Je veux une fille... je veux une fille de toi.... » Tel est son refrain quotidien. Elle souffrait réellement, elle était fatiguée, anémique; elle me pria de faire entendre raison à son bourreau, sans ambages. Il me promit de modérer son ardeur, de prendre patience. A cette époque je n'avais pas encore découvert la loi de l'alternance.

Il se comprend facilement le désir de perpétuer un nom plus ou moins noble, illustre, étant roi, empereur, grand industriel, mondial commerçant, d'avoir un fils, un successeur qui continuera la race et ses fils après lui dans le lointain futur. Toutes ces réflexions m'incitèrent, à peine reçu docteur, à chercher et à tâcher de trouver une loi physiologique, naturelle, facile à comprendre et à appliquer. Comme Descartes, dans son *Discours de la Méthode*, je fis table rase des innombrables écrits et théories, au sujet de la procréation des sexes, jonchant la route de la vérité. Je fis même une incursion dans la série des positions facilitant la conception; mais je m'arrêtai bien vite. Faciliter la conception ce n'est pas faire, à volonté, un mâle ou une femelle.

Il est certain que la position, *more canum*, quand l'acte est accompli durant la période menstruelle, avec lenteur et douceur, ainsi que je l'ai mentionné dans *La Petite Bible des Jeunes Époux* peut provoquer très vite la conception, alors qu'elle a échoué dans les autres positions. En effet la tête de la femme étant beaucoup plus basse que le bassin, l'utérus plonge, en quelque sorte, vers le centre de l'abdomen ; son col béant reçoit mieux la liqueur fécondante qu'il peut conserver longtemps à son contact, si la position est gardée pendant une petite demi-heure. Par ce moyen j'ai pu rendre fécondes, sans dilatation utérine préalable, des jeunes femmes sans enfants.

L'étude de la conception se trouvant en dehors du problème que je m'étais posé, je me demandai si la vigueur du mari par rapport à la femme, pouvait jouer un rôle prépondérant *et vice versa*. Mais je constatai que des hommes débiles procréaient des mâles, des femmes chétives des filles *et vice versa*. J'eus même la chance de soigner un capitaine au long cours d'une vigueur musculaire étonnante, bien conformé en apparence, aimant sa femme, lequel ne pouvait accomplir un voyage à Paphos qu'une fois par mois. Sa femme, très dévouée quand même, disait en riant « qu'elle avait été volée comme dans un bois ». Cependant elle finit par avoir une fille. La vigueur apparente ne signifiait donc rien, à mon point de vue spécial. Ne voit-on pas tous les jours des phtisiques hommes mariés à des femmes plantureuses procréer des mâles, tandis que l'on eût été en droit de supposer que la valeur de la femme prédominant elle engendrerait des filles.

Que penser? que dire? que faire? où trouver le fil d'Ariane? Le désir de la solution de cette palpitante question me poursuivait sans relâche. J'y songeais nuit et jour et, nouveau Prométhée, j'aurais voulu dérober le feu du ciel pour découvrir, animer cette loi que mon esprit scientifique m'assurait devoir exister. C'était devenu une hantise, une obsession, un tourment! Je voulais soulever le voile mystérieux, j'avais presque juré *in petto* de dégager cet X impénétrable à mes devanciers. Et mon esprit, mes facultés restaient toujours tendus vers le but rêvé sans aboutir. A force d'y penser, me disais-je à titre de consolation, je finirai bien par triompher. Combien d'inventions ne doivent-elles pas au hasard en apparence d'être sorties du néant! La tension des facultés provoque une fièvre d'imagination... et l'on aperçoit tout à coup la découverte sortir du cerveau, telle que la vérité nue d'un puits. On attribue le fait au hasard, mot banal vide de sens, alors qu'il s'agit uniquement de forces de tension transformées en forces vives.

C'est ce qui m'arriva.

Donc certain soir d'automne, je revenais de visiter un malade, à Choisy-le-Roi,

Heu! quàm labuntur anni!

je longeais les bords de la Seine, à pas lents, pensif, la cervelle travaillée, bourrelée par mon idée fixe, lorsque je m'écriai soudain : *Eurêka... Eurêka...* j'ai trouvé... j'ai trouvé : *Les ovules de la femme sont un mois mâles, l'autre mois femelles. Le sexe du produit de la conception est indépendant de l'homme.*

Je fus immédiatement frappé par la simplicité de cette hypothèse qui avait toutes les apparences scientifiques d'une loi physiologique complète, parfaite.

En effet, cette hypothèse qui sortait du domaine de la fiction, de la manœuvre mystérieuse pour rentrer dans celui plus sérieux des sciences biologiques, me séduisit à un tel degré, m'enflamma d'une telle ardeur que je résolus de la vérifier, aussitôt que l'occasion se présenterait, et de la transformer plus tard en loi immuable, indestructible si je pouvais fournir des preuves indiscutables de sa réalité. Peu de temps après, le succès d'une prédiction de ce genre vint couronner mes efforts, mes recherches.

Dès ce moment, l'ivresse de la découverte s'empara de moi. Le voilà donc trouvé, me disais-je, ce grand secret pour lequel tant de théories grotesques ont été avancées, tant de livres piquants et inutiles publiés! La renommée aux mille voix fera connaître la loi de l'alternance au monde entier! Quels remerciements, quelle reconnaissance de la part des époux jusqu'à ce jour frustrés dans la réalisation de leurs désirs, en apprenant la bonne nouvelle. De là naquit l'idée si naturelle de communiquer à mes semblables les résultats certains de mes recherches.

Mais de même qu'une invention en amène une autre, à force de réfléchir, de ruminer, si je peux ainsi dire, il surgit en ma tête une nouvelle hypothèse dont la transformation en loi, en principe fondamental, ne laisse pas de présenter de grandes difficultés, vu que la preuve et la vérification n'en sont pas très faciles.

Cependant, je l'énonce à l'un des chapitres de cet opuscule, en l'accompagnant des éléments du procès ou plutôt des documents sur lesquels j'ai pu m'étayer pour lui donner tous les caractères d'une loi biologique. Je suis certain que des faits plus directement positifs viendront la confirmer.

Le plan de ce petit livre est simple.

Dans la première partie j'étudie, aussi complètement que possible, la loi de l'alternance avec ses corollaires. Avant cet exposé, je donne en deux ou trois pages pour l'intelligence de la narration, les notions les plus élémentaires de physiologie génitale. Il m'eût été facile d'augmenter ce léger bagage pour le plus grand ennui du lecteur. Mais je désire lui inculquer quelques connaissances utiles sans le condamner à bâiller d'énervement, à me maudire et à me traiter de pédant. Que de gens du monde qui, ne possédant qu'une teinture scientifique hypersuperficielle traitent de tout : médecine, armée, marine, physique, chimie, économie sociale, comme corneilles abattant des noix.

Au surplus il n'y a rien qui ressemble autant à un imbécile qu'un homme d'esprit voulant faire parade de connaissances médicales qu'il n'a pas. Est toujours inutile souvent funeste une demi-ignorance. L'un de nos plus grands romanciers et dramaturges, de regrettée mémoire, n'a pas toujours su éviter le piège à lui tendu par sa recherche de l'excentrique. Ainsi il fait très bien traverser, par une balle, le bras de part en part sans qu'aucun muscle soit touché. Pour toutes ces raisons et bien d'autres le lecteur ne m'adressera pas le reproche d'avoir bourré mon ouvrage de rapsodies médicales et prétentieuses.

La loi de l'alternance établie sur les

fondements solides de l'expérimentation, de l'étude des faits, j'aborde la deuxième partie aussi curieuse et intéressante que la première.

Le premier chapitre a pour titre : *Quel serait le sexe de l'enfant engendré si une jeune fille était fécondée à ses premières règles?*

Le second : *Contradictions apparentes à la loi de l'alternance.* Dans un dernier enfin, j'expose avec quelques détails les doctrines, les fictions, les théories émises pour avoir à volonté (*telle est l'expression consacrée*) un enfant du sexe désiré. On verra par ces quelques courts aperçus que rien de sérieux ni de scientifique n'a été énoncé. Les plus jeunes écrivains sur la matière copient leurs prédécesseurs ; la forme change quelquefois mais pas le fond. Une seule théorie, physiologique en apparence, repose sur l'alimentation azotée ; elle est complètement fausse.

L'âge des conjoints influerait aussi sur le sexe, prétendent quelques gynécologues ; les vieillards procréeraient uniquement des femelles. Tous les jours on voit le contraire. J'ajouterai, en passant, qu'un homme très mûr, ayant plus de soixante ans, qui épouse une femme jeune, vierge ou veuve, est toujours sûr d'avoir des enfants.

D'autres copiant la fable qui a servi à l'abbé Prévost de thème, de base à son opuscule si original, *La Colonie Rocheloise*, prétendent à leur tour que, suivant la zone et le climat, il y a plus ou moins de garçons que de filles.

J'ai cherché à donner à mon style la

forme la plus scientifique avec la plus grande somme de connaissances sérieuses et pratiques.

Dans quelques endroits, craignant d'être ou de paraître inintelligible, j'ai employé la forme dialoguée qui donne au récit plus de piquant et de vivacité.

J'ai la louable prétention d'avoir soulevé bien des questions dont la solution me vaudra l'indulgence des maris et des dames.

J'ai, en outre, la conviction qu'en observant mes recommandations bien faciles à suivre, beaucoup de femmes verront leur santé et leur bonheur conjugal se conserver dans tout le premier éclat. De la méditation des quelques pages de cette étude, il restera dans l'esprit de chaque époux des impressions qui ne s'éteindront qu'avec la vie.

J'ai été très sobre de citations, de noms propres, sauf dans l'exposé des diverses théories anciennes sur la procréation à volonté. Il eût été fort difficile de parler des idées émises sans citer les noms des auteurs ou vulgarisateurs.

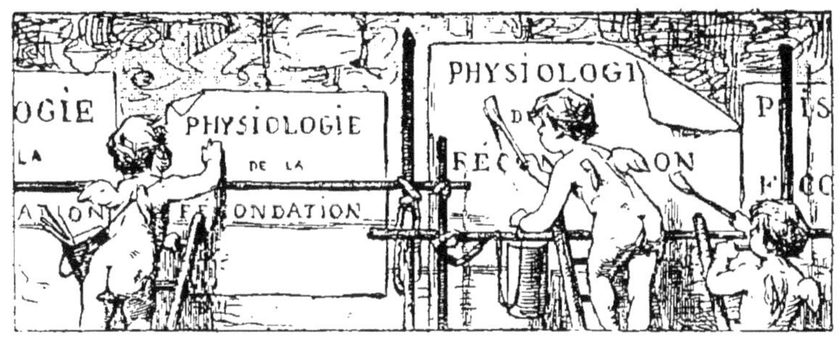

Notions générales de physiologie des organes génitaux.

Tout le monde sait que l'homme sécrète, au moyen de glandes extérieures nommées *testicules* (ce qui signifie petits témoins) une liqueur spéciale, le sperme, renfermant des éléments particuliers, *les animalcules spermatiques*, doués de mouvements très rapides sous le champ du microscope. Seul, le sperme peut féconder les germes ou ovules de la femme.

Une quantité infinitésimale de cette liqueur suffit pour donner à l'ovule la propriété d'entrer en prolifération (développement).

Il est de notoriété générale aussi qu'une jeune fille n'est nubile qu'après l'apparition des règles ou menstrues.

Ce phénomène (mot pris dans son acception scientifique) se manifeste à une époque plus ou moins avancée de la vie, suivant la race, le climat, le tempérament de la personne. Sans tenir compte des exceptions, il est démontré que les jeunes filles du Midi jouissent d'une précocité bien plus grande que celles du Nord. En d'autres termes, plus on s'approche du Nord, plus la menstruation est lente à s'établir.

A partir de l'apparition des règles, la jeune fille devient femme, c'est-à-dire apte à procréer, avec le concours de l'homme, un individu semblable à ses générateurs ou parents. La jeune fille commence donc une nouvelle vie, qu'on peut appeler vie sexuelle, vie de reproduction, laquelle s'est annoncée à l'avance, par des modifications aussi sensibles dans l'ordre moral que dans l'ordre physique.

Cette perte de sang, régulière, mensuelle, est tellement connue qu'il est inutile d'insister. Voici qui l'est peu ou, pour mieux dire, pas du tout du vulgaire. Ce phénomène apparent n'est que le contre-coup, la manifestation subordonnée de la fonction d'un organe double, auquel on a donné le nom d'*ovaire*.

Le travail mystérieux de cet organe met environ un mois à s'accomplir. Petit à petit se font la turgescence, la congestion de tout l'appareil sexuel de la femme; sa sensibilité et ses désirs augmentent; ses yeux prennent un éclat inaccoutumé; elle sent l'aiguillon de la volupté la piquer plus que de coutume. Elle entre véritablement en rut. Cet état, très intense chez certaines femmes, est ordinairement beaucoup moins sensible en raison de l'éducation, des progrès de la civilisation, du raffinement des sensations et perceptions qui tiennent les sens dans un constant éveil. Quoi qu'il en soit, nous en appelons aux souvenirs des maris et à l'amour des dames pour la vérité.

Toute cette mise en scène est due

à l'éjaculation hors de l'ovaire d'un œuf excessivement petit. En même temps, les vaisseaux utérins, gorgés outre mesure, s'érodent et donnent lieu à un écoulement sanguin (*les règles*) plus ou moins abondant, suivant les femmes.

Ainsi, n'en déplaise aux dames, elles pondent, chaque mois, un ou deux germes ou ovules dont la fécondation par la liqueur spermatique de l'homme produira un nouvel être.

Dans ce qui précède et suivra nous n'avons en vue que des individus des deux sexes, tout à fait bien constitués, sains et valides. Il était nécessaire de poser succinctement ces quelques bases pour donner à la suite du récit toute la clarté et l'intérêt qu'il aura certainement pour le lecteur, surtout si, jusqu'au moment où il lira ce petit livre, il a vu la nature se faire constamment un jeu de tous ses souhaits.

Loi de l'alternance des germes de la femme. Quelques exemples cités à l'appui.

Nous appelons ainsi le rapport qui existe entre la ponte d'un ovule, le sexe de ce germe et celui du mois précédent.

Autrement dit, une femme qui vient de faire un ou deux ovules, le plus souvent un seul, pondra, le mois suivant, des ovules d'un sexe différent.

Prenons un exemple :

Et, pour éclairer la question d'un jour plus pur, supposons une jeune femme qui vient d'accoucher d'un enfant mâle, qui ne le nourrit pas, ou qui, du moins, lui a fait seulement téter le premier lait (*colostrum*), lequel a une influence remarquable sur les fonctions gastro-intestinales du nouveau-né pendant les premiers jours qui suivent sa naissance.

Les seins de la jeune accouchée deviennent, momentanément, durs et engorgés. Bientôt ils reprennent leur état normal. La jeune femme continue à perdre (lochies); mais l'écoulement vaginal est, avec le temps, de moins en moins rouge et abondant. Bientôt même il se borne à ces quelques pertes blanches (leucorrhée), qui sont le triste et constant apanage de la constitution des dames de nos grandes villes.

Quarante à cinquante jours se passent dans un calme apparent. Soudain la vie sexuelle reprend le cours régulier de ses manifestations. L'ovaire endormi se réveille, un ovule est projeté et les règles reparaissent.

Cet ovule, ce premier germe, après l'accouchement, sera du sexe féminin, le dernier fécondé ayant produit un enfant du sexe masculin. Telle est la loi de l'alternance des sexes.

Pour sa démonstration j'ai choisi le cas d'une femme qui n'allaite pas son enfant, parce que chez elle le retour de la menstruation est plus rapide.

Mais la loi est absolument vraie

pour toutes les mères-nourrices qui, d'habitude, récupèrent les fonctions génératrices vers le dixième mois environ.

Il est vraiment étrange que, malgré les recherches et les travaux de nos devanciers, malgré l'intérêt puissant qui était attaché à la solution de cette haute question de biologie, cette découverte si simple ait si longtemps tardé à se faire jour.

Ainsi que je le dis dans les premières pages de *La Genèse de la loi d'alternance*, le hasard seul, aidé de longues réflexions, me donna cette heureuse inspiration, et c'est en procédant par induction que j'arrivai à formuler cette loi.

Elle m'avait séduit à tous les points de vue, naturel et scientifique.

N'est-elle pas, en effet, conforme aux vœux de la nature?

Pour la propagation de l'espèce humaine, il est certainement indispensable qu'il y ait à peu près autant d'hommes que de femmes. Le nombre de ces dernières est un peu plus élevé, ce qui est très heureux, si l'on considère que jusqu'à trente ans environ, il meurt plus de femmes que d'hommes.

En second lieu, cette loi est scientifique. Elle repose sur des bases positives; elle a déjà reçu, maintes fois, la sanction de l'expérience. Ce n'est plus une fiction, une rêverie, un propos léger destiné à piquer la curiosité comme les théories ou les conseils spécieux et futiles, tout au long exposés dans des ouvrages tels que le *Tableau de l'amour conjugal*.

Du domaine de la théorie, je résolus de passer dans celui de l'expérience, et je me promis bien de mettre cette loi à l'épreuve aussitôt que l'occasion se présenterait. Depuis cette résolution, plusieurs accouchements accomplis par moi, n'ont fait qu'enraciner davantage mes convictions.

Une fois le premier voile de l'ignorance tombé, j'avançai d'un pas plus hardi dans la connaissance des phénomènes des fonctions ovariques. Je condensai mes vues nouvelles en une autre proposition dont l'étude fera l'objet de la deuxième partie de cet ouvrage.

Voici maintenant le récit de faits ayant précédé trois accouchements personnels, avec indication des sexes longtemps à l'avance.

Avant la triste guerre franco-prussienne, j'accouchai d'un garçon une jeune dame fort gentille et très intelligente. Elle désirait ardemment une fille. L'événement trompa ses espérances.

Quelques mois plus tard, je la rencontrai chez une de ses meilleures amies à laquelle je donnais des soins. Après les politesses et les banalités d'usage, elle me demanda un petit entretien, lequel eut lieu dans une pièce voisine. A sa première parole je devinai le reste.

« Quel malheur! docteur! quel grand malheur!

— Que vous arrive-t-il donc, chère madame?

— Vous ne devinez pas?

— Pardon! mais si ce que je devine

est la vérité, je ne vois pas là un bien grand malheur! Vous êtes enceinte?

— Hélas! oui encore... maudit siège! »

Je la calmai par quelque galante plaisanterie, et je me rappelai tout à coup qu'elle rêvait d'avoir une fille.

« Cette fois, ce sera peut-être une fille.

— Vous croyez?

— Je n'en suis pas sûr... mais voyons.... (Et je me dis à part moi : « Belle occasion de vérifier les lois de l'alternance! ») Il y a sept mois que je vous ai accouchée. Vous rappelez-vous exactement les dates de vos règles à la suite de l'accouchement?

— Parfaitement, dit-elle, après avoir réfléchi un instant. »

M'armant alors de mon crayon,

j'écrivis les dates sous sa dictée, en mettant à côté de chacune un *m* ou un *f* suivant l'alternance ; elle s'arrêta.

« Après, madame?

— Après, plus rien. »

Elle s'était arrêtée, la malheureuse, à un germe mâle.

L'ayant examinée, sur sa demande formelle, j'acquis la quasi-certitude d'une grossesse de trois mois.

« Eh bien! aurais-je une fille, docteur?

— Imaginez-vous, chère dame, que je croyais avoir trouvé quelque chose de nouveau ; mais je n'y suis plus, j'ai totalement oublié. Mes calculs m'apprennent, ajoutai-je en riant, que vous aurez l'un ou l'autre, ce que vous savez aussi bien que moi. »

Avec ces précautions, cette discrétion, l'accouchement eut lieu plus tard, sans accident. Ce fut un garçon. Je lui confessai quelques jours après mon petit mensonge ou plutôt ma ruse dont elle ne me garda pas rancune.

Le second fait, qui m'est aussi personnel, est encore plus curieux, en ce sens que je passai pour un prophète, profession perdue depuis les temps bibliques.

Un jour, je reçus dans mon cabinet la visite d'une dame nouvellement accouchée par une sage-femme.

Elle se plaignait de faiblesse générale et d'envies de vomir. Son air m'inspira un certain soupçon.

Comme elle s'exprimait facilement et ne paraissait pas d'une pruderie exagérée, je résolus de poser la question capitale.

« Vous êtes faible et vous avez de fréquentes envies de vomir?

— Oui, docteur.

— Avez-vous eu un peu de fièvre, de chaleur à la peau?

— Pas le moins du monde.

— Quand êtes-vous accouchée?

— Il y a trois mois et demi environ.

— Vous ne nourrissez pas.

— Non, docteur.

— Avez-vous eu vos règles depuis votre accouchement?

— Une fois, il y a deux mois.

— Diable, pensai-je (j'étais tout yeux, tout oreilles). Ne seriez-vous pas enceinte par hasard?

— Oh! non, docteur. C'est une plaisanterie.... Si vite!

— Pas du tout, Madame. Sans

indiscrétion, vous avez couru cette mauvaise chance?

— Mais, naturellement, docteur.

— Eh bien! Madame, je crois fort à une grossesse. Rien ne saurait, sans cela, m'expliquer votre faiblesse, vos envies fréquentes de vomir depuis quelques jours. Il faut être prudent, il n'y a pas péril en la demeure; je vais vous prescrire un tout petit traitement.

— Que la volonté de Dieu soit faite! »

Et elle se leva.

« A propos, Madame, avez-vous eu un garçon ou une fille?

— Un garçon, docteur. Mais pourquoi cette question?

— Parce que, si vous êtes enceinte, ce qui est probable, votre futur enfant sera une fille.

— Vous pensez, docteur? »

Et elle me salua avec un léger sourire de doute et d'ironie.

Trois mois après elle revint me voir.

« Vous avez dit la vérité jusqu'à présent, docteur. Voulez-vous m'accoucher?

— Comment donc, mais avec plaisir. Vous n'avez plus de vomissements.

— Non, plus rien. Je me porte à ravir.

— J'ai peut-être eu tort de vous prédire une fille.

— Non, cela me serait plutôt agréable. « L'accouchement eut lieu, ce fut une fille.

Le troisième fait concerne une dame déjà mûre qui avait toujours eu le louable soin de noter, chaque mois ses règles, par une croix, sur des calendriers qu'elle conservait précieusement. C'est le seul cas de ce genre que je connaisse.

Lorsque je fus appelé à donner des soins à son mari, à ses enfants, à elle-même, sa dernière grossesse remontait à une dizaine d'années.

Son dernier enfant était un fils. Elle devint enceinte. Je l'examinai. Elle n'avait pas eu de règles depuis deux mois. Elle me montra tous ses calendriers menstruels si minutieusement annotés et portant deux zéros en regard de ces deux derniers mois. Je pris un crayon, je marquai d'un *m* ou d'un *f* chaque date mensuelle depuis dix ans et je constatai que le dernier germe fécondé correspondait à un *f*. Je lui annonçai sept mois avant l'accouchement qu'elle aurait une fille. Elle m'avoua alors qu'elle en serait enchantée. Je l'accouchai, ce fut une fille qui fut prénommée Jeanne.

Dix fois au moins dans les années qui suivirent, mes prévisions se sont réalisées, en ce qui a trait à la procréation volontaire d'un garçon ou d'une fille.

Dès l'aurore de la découverte de la *Loi de l'alternance des germes de la femme* il m'arriva plusieurs fois d'être pris à partie par des esprits forts qui avaient laissé toutes leurs illusions dans la lecture des ouvrages fantastiques dont il est plus haut question. Malgré eux, la réalisation de mes soi-disant prophéties les avait frappés et ils cherchaient, en affectant un scepticisme exagéré, à m'arracher mon secret dans un moment de vivacité, ce dont je me suis bien gardé avant l'heure voulue.

Dans une question aussi importante, il est essentiel que chacun apporte son concours et son dévouement pour multiplier le nombre des faits qui lui donneront force de loi.

En l'espèce, le rôle du médecin est malheureusement subordonné à celui de la femme qui, seule, pourra lui fournir les renseignements nécessaires. Un oubli de sa part peut, en apparence, battre en brèche la proposition ci-dessus énoncée. Il faudra bien se garder alors de s'inscrire en faux. Dans les sciences biologiques un fait négatif ne prouve rien, lorsque déjà plusieurs faits certains et bien étudiés sont venus donner l'appui de leur confirmation à une proposition émise. Il faut seulement tenir compte des faits négatifs, les soumettre à une critique sévère, impartiale, et l'on reconnaîtra, presque toujours, qu'ils sont dus à l'oubli ou bien à la négligence, souvent involontaire, des observateurs.

Que chaque médecin, chaque mari, chaque dame, désireux de tirer parti des connaissances nouvellement acquises, se pénètrent bien de leur étude et les mettent à profit, aussitôt qu'ils le pourront, tous dans l'intérêt de la science et pour en bénéficier suivant leurs désirs.

Avec leur concours dévoué et éclairé la loi de l'alternance acquerra bien vite l'autorité et la notoriété les plus grandes.

Conséquences de la loi d'alternance des sexes des ovules.

Le lecteur qui aura bien voulu accorder toute son attention aux pages précédentes peut lui-même, pour ainsi dire, tirer de la connaissance de cette loi les corollaires suivants :

1° Il dépend du mari et de la femme de procréer un être du sexe masculin ou féminin;

2° Jusqu'à présent, ce but paraît ne

pouvoir être atteint qu'après la naissance d'un premier enfant;

3° A dater de l'accouchement, il faut noter minutieusement l'apparition des premières règles normales;

4° Ce petit registre établi, il devient facile, en se livrant à l'acte de la génération au moment le plus propice, de procréer un être du sexe désiré.

Je vais examiner succinctement et successivement ces quatre propositions :

I. — La première est d'une évidence telle que nous insisterons peu.

En effet, le sexe des germes alternant à chaque apparition des règles, il en résulte que le mari n'aura qu'à s'abstenir aux époques désignées par la comptabilité des fonctions utéro-ovariques de sa compagne.

II. — A propos de la seconde, je vais entrer dans quelques développements nécessaires.

Une jeune mariée, au moment où elle arrive à la couche nuptiale, a été réglée au moins plusieurs fois; mais la base, le point de départ manquent pour établir le cahier de l'alternance.

Il sera donc indispensable aux jeunes époux d'attendre la venue d'un premier enfant. A partir de ce jour ils pourront en toute sécurité, pour la réalisation de leurs désirs, se livrer plus tard, à certaines époques, aux plaisirs de l'amour.

J'ajouterai en passant que j'espère, plus loin, arriver à la démonstration d'une loi biologique très intéressante et reposant aussi sur l'alternance qui, dans ce cas, se continuerait de la mère au premier ovule pondu.

J'appelle, d'ores et déjà, les sympathies des curieux sur cette partie qui renferme des vues entièrement neuves et originales.

III. — Je passe à la troisième proposition et, tout d'abord, je ferai remarquer qu'on ne doit pas appeler règles normales les pertes sanguines, suites de l'accouchement qui disparaissent et reparaissent, quelquefois à d'assez longs intervalles, sous l'influence de causes diverses et sont les conséquences d'une irritation utérine, de la délicatesse des cicatrices vasculaires. Pour se faire une idée exacte des raisons d'être de cet écoulement sanguin tardif, en dehors des difficultés et des accidents de la parturition, il faut tenir grand compte des imprudences de la femme (se lève trop tôt, fait des travaux fatigants), mais surtout des rapprochements sexuels hâtifs.

Normalement, le retour des règles chez une femme récemment accouchée, ayant passé la durée de l'état puerpéral dans de bonnes conditions, a lieu, en moyenne vers la fin de la sixième ou septième semaine. L'état puerpéral finit de même avec l'apparition nouvelle des menstrues. Je le répète, dans tout ce qui précède et suivra, je n'ai en vue que la règle et non l'exception.

Dans la *Petite Bible des Jeunes Époux*, j'ai indiqué comment il est possible de faire rentrer les exceptions dans les lois communes.

Donc lorsque les diverses phases consécutives à l'accouchement s'accomplissent avec régularité, il s'écoule un laps de temps assez considérable entre le moment où la nouvelle mère a pu quitter le lit de douleurs jusqu'au jour où elle accomplira de rechef les vœux de la nature, *en pondant* de nouveaux ovules ou germes. — L'état menstruel, ordinairement précédé d'une période de calme, s'annonce par des symptômes particuliers, moraux et physiques bien différents de ceux qui surgissent avec des pertes provoquées par des maladies utérines.

IV. — Un mot sur la quatrième proposition. Elle ne saurait donner lieu à de longs commentaires et elle paraît même faire double emploi avec la proposition I ci-dessus. Mais cette répétition était nécessaire dans le but d'inculquer aux époux l'obligation d'une comptabilité ovarienne spéciale.

Le registre des époques une fois commencé et établi, il sera facile aux deux époux de choisir le moment favorable à la conception selon leurs désirs.

Quel serait le sexe de l'enfant si la femme était fécondée à la première apparition de ses règles?

On a vu que la loi de l'alternance, exposée dans les pages précédentes avec tous les développements nécessaires, était seulement applicable après la naissance d'un premier enfant. Il y avait cependant un intérêt majeur à rechercher s'il était possible, avec les connaissances acquises, de reculer les limites provisoires de cette partie de la gynécologie. Je crois avoir atteint ce but. Dans tous les cas je vais exposer rapidement la suite des raisonnements et, pour mieux dire, des considérations, des recherches qui m'ont fait trouver la solution de ce problème.

Certes il est moins important de connaître le sexe du premier germe pondu par la femme que de posséder, le premier enfant venu au monde, les moyens d'en procréer plus tard un autre du sexe désiré. Bien rarement les époux veulent un seul enfant, et il leur est à peu près égal, ordinairement d'avoir tout d'abord un garçon ou une fille.

Par la loi de l'alternance ils ont, à l'avenir, les moyens de forcer bientôt, pour ainsi dire, la nature à réaliser leurs vœux.

Il n'en est pas moins vrai que, dans des cas heureusement rares, quelques maris et femmes voudraient que leur premier enfant fût plutôt mâle que femelle, *et vice versa*.

J'examinerai plus loin, avec quelques détails, ces exceptions ayant particulièrement trait aux femmes qui ne peuvent avoir plus d'un enfant ou qui sont d'une constitution très délicate.

Pour corroborer les assertions suivantes je n'ai, jusqu'à présent, que le récit d'un seul fait à offrir au lecteur ; mais je suis persuadé, lorsque ma proposition sera connue, que des faits nouveaux viendront en grand nombre la confirmer. Voici comment, en procédant par induction, je suis arrivé à donner ample satisfaction à ma légitime curiosité.

Si, me suis-je dit, depuis le jour où les premières règles se montrent, on avait noté la date de chaque époque menstruelle, il est facile de comprendre que l'on pourrait savoir, en remontant le cours du passé, le sexe du premier germe; car la loi de l'alternance s'étend aussi bien, cela est évident, aux ovules antérieurs à la naissance d'un enfant qu'à ceux qui le suivent.

Ces renseignements si utiles font malheureusement presque toujours défaut. Il est bien peu de mères, en effet, qui aient assez souci de la santé de leurs filles pour s'imposer ce léger surcroît d'attention.

Elles sont loin d'ignorer cependant

combien la santé et plus tard la facilité de l'enfantement sont sous la dépendance immédiate de la régularité des fonctions ovariennes, régularité qui peut, dans beaucoup de cas, être rétablie par un traitement hygiénique convenable.

Bon nombre de médecins très connus prescrivent aux mères, avec beaucoup de raison, de peser, à époques fixes, leurs jeunes enfants pour savoir s'ils se portent bien. (On sait qu'un enfant qui, malgré sa croissance normale, augmente petit à petit de poids, jouit généralement d'une bonne santé). Pourquoi donc les mères, jusqu'au mariage de leurs filles, ne réuniraient-elles pas tous les documents concernant les phases de leur développement? Quoi de plus favorable à la jeune fille vouée à la maternité? Quoi de plus utile pour le mari que de connaître les antécédents d'organes qu'il va solliciter à une vie nouvelle, à une suractivité souvent nuisible?

Me sera-t-il permis d'espérer n'avoir pas en vain fait appel à la tendre sollicitude des mères pour leurs jeunes filles? Je continue.

N'ayant eu qu'une seule fois occasion de consulter un registre menstruel régulièrement établi depuis le début de la nubilité, j'eus la patience de feuilleter un grand nombre de livres, d'annales et de journaux de médecine légale.

Dans tout ce fatras j'espérais trouver quelques observations de choix destinées à jeter un vif éclat sur l'objet de mes investigations.

Je m'étais dit : Parmi les nombreux cas de viol relatés dans ces ouvrages, n'y aurait-il pas, par hasard, des observations ainsi présentées : « Une jeune fille.... âgée de quinze à seize ans, réglée pour la première fois il y a quatre mois, fut violée par X.... Elle devint enceinte et accoucha d'un enfant de tel ou tel sexe, etc., etc.... »

Mais rien, rien, pas le moindre petit fœtus avec sexe désigné !

S'il est question de conception à la suite de viol, de grossesse consécutive ou d'avortement après quatre mois, aucun indice sur le sexe de l'embryon.

Il m'aurait été facile, on le comprend, lorsque la menstruation date de si près, de remonter au début pour savoir positivement le sexe du premier germe pondu.

Force me fut donc d'abandonner cette voie. Après mûres réflexions et me rappelant le cas de la dame déjà âgée dont je parle plus loin, j'en arrivai à émettre l'hypothèse suivante :

La loi de l'alternance s'étend de la mère à la fille et de la fille devenue mère à son premier enfant, et, après lui, aux germes successivement pondus.

Le sexe du premier germe pondu est mâle.

Cette proposition découle de l'hypothèse précédente.

Donc une jeune fille fécondée à ses premières règles donnerait le jour à un enfant mâle.

Voici, en quelques mots, le seul fait à l'appui que j'aie pu recueillir.

Une dame d'un certain âge, fort

intelligente, avec laquelle je causais de la découverte de la loi de l'alternance, fut frappée de l'hypothèse que j'émis devant elle sur le sexe du premier germe conformément à cette loi. Après un moment de réflexion consacré à recueillir ses souvenirs, elle me tint le langage suivant :

« On me maria fort jeune (quinze ans environ. Comme j'avais une très petite dot et qu'il s'agissait d'une fort belle position avec un jeune homme riche, plein d'avenir qui m'aimait éperdument, on ne tint pas compte de l'absence de la menstruation. Je passais au contraire pour être très précoce en raison de ma taille, de la richesse de mes formes et du développement de ma gorge. Je paraissais certainement avoir plutôt vingt ans que quinze.

— Sous l'influence des premiers rapports conjugaux, la menstruation s'établit bientôt. Quelques jours après la cessation des règles, je devins enceinte. A neuf mois de là, jour pour jour, je mis au monde un enfant mâle. »

Je le répète, je tiens le fait d'une dame qui, dans plusieurs circons tances, m'a donné des preuves remarquables de la vive impression que produit sur son esprit ce qu'elle a observé ou entendu raconter.

Maintenant que la proposition est émise sous forme d'hypothèse (et cela par une humilité bien naturelle), il appartient aux mères et aux médecins de lui donner la sanction de leur expérience et de leur observation.

Conséquences. — 1° Une femme mal réglée ou d'un âge relativement avancé, dont les facultés procréatrices sont très limitées, pourra cependant avoir l'enfant du sexe qu'elle désire. Tous les jours on entend dire : « J'aurais pourtant bien voulu une fille... c'est un garçon... tant pis. » *Et vice versâ.*

L'enfant, soyez-en certain, se ressentira souvent de ce dépit mal déguisé.

2° Un fœtus mâle, tout le monde le sait, est ordinairement beaucoup plus volumineux qu'un fœtus femelle. Ainsi, en moyenne, un fœtus mâle pèse de 6 à 7 livres, un fœtus femelle près de 1 livre de moins. C'est surtout la tête qui prédomine dans le fœtus mâle. Or, c'est cette partie du corps qui se présente la première dans la pluralité des accouchements. Il est alors facile de comprendre combien il sera moins douloureux pour une femme d'accoucher d'un premier enfant dont la partie qui doit franchir le défilé utéro-vaginal et vulvaire sera moins volumineuse.

Dans des cas relativement et heureusement rares, certaines femmes mal conformées, d'un rachitisme plus ou moins prononcé, ayant un bassin peu développé, avec un ensemble de tissus peu souples, peu dilatables, voire même rigides, résistants, verront leurs suites de couches diminuer de gravité si le fœtus est moins gros. Elles auront tout intérêt à donner le jour d'abord à une fille.

On voit, en effet, des rachitiques affectées d'un rétrécissement du détroit supérieur ou inférieur, succomber souvent par suite, soit des difficultés de l'accouchement, soit de ses conséquences, lorsqu'on tarde trop à venir à leur aide, en sacrifiant l'enfant.

D'autres, et je parle des primipares, ayant dans leur sein un fœtus trop volumineux, arrivent à grand'peine à pouvoir l'expulser de sa prison. Souvent a lieu une rupture du périnée (espace compris entre l'anus et la vulve) et des lésions de la vessie par compression prolongée. Les suites de la parturition deviennent fréquemment fatales, ou bien, si l'issue n'est pas funeste elles laissent ultérieurement dans la santé de la jeune femme des traces profondes de débilité.

Contradictions apparentes à la loi de l'alternance. Grossesses gemellaires.

Avant de traiter ce sujet, on est en droit de me poser les questions suivantes : Y a-t-il des grossesses doubles dans lesquelles il naît un garçon et une fille? Je réponds : Oui.

Comment alors expliquez-vous ces faits, et pouvez-vous les mettre d'accord avec la loi de l'alternance? —

Rien de plus facile. Attendez un peu. prenez patience et veuillez m'accorder votre plus bienveillante attention.

Voici un résumé statistique dressé par Churchill.

Sur 161,042 grossesses il y a eu 2,477 cas de grossesses doubles (accoucheurs anglais. Sur 36,570 grossesses, il y a eu 582 cas de grossesses doubles (accoucheurs français). Sur 251,386 grossesses, il y a eu 2967 grossesses doubles (accoucheurs allemands). En somme, sur 448.998 cas il y a eu 5776 grossesses doubles.

Quant au sexe des jumeaux, le même auteur nous fournit les renseignements qui suivent. Sur 184 cas de grossesses doubles, Joseph Clarke dit que 47 fois les deux enfants étaient mâles, 68 fois femelles et que 69 fois naquirent un enfant et une fille.

Docteur Collins, 240 cas : les deux mâles, 83; les deux femelles 70; mâle et femelle 87.

Docteur Lever, 33 cas : les deux mâles 11; les deux femelles 11; mâle et femelle 11.

Ce qui frappe *a priori* dans ce tableau c'est le petit nombre de grossesses doubles : 5576 sur 448,998 cas.

Donc, la plupart du temps, un seul ovule ou germe est fécondé.

Telle a été ma manière de voir dans les notions générales de physiologie ovarienne et les pages que j'ai consacrées à la fécondation.

Secondement, dans les grossesses doubles on voit presque toujours les deux enfants être de même sexe.

Ici encore la loi de l'alternance est parfaitement juste et applicable. Deux ovules de la même ponte sont fécondés, les deux enfants sont du même sexe. Fréquemment les deux vivent très longtemps, arrivent à un âge avancé; exemple, les frères Siamois. Il n'est personne qui, dans le cours de son existence, n'ait eu l'occasion de rencontrer deux êtres jumeaux. Même tête, même regard, même expression faciale, pareilles allure, taille et démarche. On a même cité des mères qui ne pouvaient les distinguer l'un de l'autre et les désigner séparément par leur prénom lorsqu'elles ne les voyaient pas ensemble.

Tout cela est bel et bon, me dira un lecteur malin, mais vous avez exposé un tableau dans lequel on lit que, dans certaines grossesses doubles, il est venu un mâle et une femelle ; votre loi de l'alternance n'est donc pas absolue ?

Il s'agit de s'entendre.

Les grossesses doubles sont peu fréquentes ; mais les grossesses doubles, avec mâle et femelle en même temps, sont les plus rares. D'où je suis forcément autorisé à conclure que le nombre des femmes jouissant de ce privilège peu enviable et peu envié est excessivement restreint.

Autre chose. Toute femme qui vient d'être fécondée perd-elle absolument par ce fait (momentanément, il est vrai) l'aptitude à la fécondation ?

Oui, selon la règle ; non, par exception.

Tous les accoucheurs, tous les gynécologues, ont observé des femmes qui avaient encore normalement leurs règles dans les mois consécutifs à la conception. Ces pertes, peu abondantes, paraissaient à l'époque habituelle et témoignaient de la continuation de fonctionnement d'un ovaire.

Quoi d'étonnant alors que, la matrice ayant aspiré le mois suivant, à vingt jours d'intervalle si l'on veut, une nouvelle quantité de semence, l'ovule de cet ovaire soit fécondé et produise un enfant de l'autre sexe, suivant la loi de l'alternance?

Et cette contradiction apparente qui s'efface devant un examen sérieux, vient corroborer encore les propositions précédemment émises. Très souvent les deux enfants succombent ou l'un d'eux meurt quelque temps après. Si l'accouchement a lieu en retard pour le premier produit de la fécondation qui sort généralement le dernier, ou bien s'il a lieu à terme pour le premier, le deuxième produit de la conception est incomplètement formé, ce qui est pour lui une cause de mort.

Je le répète, les cas des grossesses doubles, avec mâle et femelle, sont d'une telle rareté qu'il ne faut pas en tenir compte, si ce n'est pour confirmer une fois de plus la loi de l'alternance.

Doctrines, théories, fictions émises depuis Hippocrate jusqu'à la loi de l'alternance pour avoir à volonté un enfant du sexe désiré.

Peu de questions ont donné lieu à plus de travaux de recherches, d'hypothèses, de combinaisons ingénieuses. Mais la science tend de jour en jour à devenir de plus en plus positive ; aussi voit-on, à chaque instant, des faits nouveaux venir battre en brèche les théories, les opinions les mieux établies.

Plus tard (quand? je l'ignore) la physiologie et la médecine arriveront à se simplifier. On finira par jeter les bases des sciences biologiques sur des faits bien observés, des expériences bien conduites. De nos jours, on voit très souvent M. X... être en contradiction sur les conclusions d'une même expérience avec M. Z.... Du choc des idées jaillissent les lumières.

Arrive un troisième expérimentateur qui, profitant des études des deux autres, dégage en partie l'inconnue, pose des conclusions qui seront, à leur tour, vraies pour un certain temps et dont l'examen provoquera plus tard de nouvelles découvertes.

Dans les sciences principalement, il y a deux classes bien distinctes de savants, les inventeurs et les érudits. Un homme érudit connaît ou est censé connaître tout ce qui a été publié sur tel ou tel sujet. L'inventeur, au contraire, toujours moins pédant, souvent moins prétentieux, peut-être moins instruit si l'on veut, découvre tout à coup la vérité. Chauvinisme à part, la France est le pays qui compte le plus d'inventeurs et le moins d'érudits. En Allemagne, au contraire, le génie est rarissime. Les Allemands n'ont rien ou presque rien inventé eux-mêmes, mais tout pris aux autres. Avec les apparences de la plus parfaite honnêteté, ils n'hésitent jamais à s'approprier ce qui appartient à autrui. Ils excellent à s'assimiler les idées, les découvertes nouvelles, les parent d'un jargon plus ou moins mystique et fleuri, puis les lancent dans le monde savant comme choses qui viennent d'eux. Leur polyglottisme plus répandu leur est d'un grand secours. Cette difficulté dans l'invention tient à leur nature. Ils sont éminemment tenaces; l'érudition demande de la ténacité; mais ils sont encore plus orgueilleux et, ne pouvant rien ou peu créer par eux-mêmes, ils empruntent l'idée mère, la transforment, étendent les applications d'une découverte et finalement accouchent d'un ouvrage sur le sujet en question. C'est ainsi que Virchow, pour ne citer qu'une de leurs plus célèbres individualités, a trouvé les germes et les matières premières de sa *Pathologie cellulaire* dans les travaux du savant physiologiste de Strasbourg, de Küss qui était professeur à cette Faculté de Médecine avant la guerre de 1870.

Depuis une dizaine d'années ils affectent de ne plus connaître nos grands hommes, de ne plus citer leurs noms dans leurs soporifiques ouvrages.

L'impartialité est leur moindre défaut.

Depuis 1870 ils s'efforcent de démarquer avec frénésie, quand il s'agit de la France, de passer sous silence les découvertes centenaires reconnues nôtres par tous les peuples civilisés.

Un exemple caractéristique, entre mille, de cette partialité.

Ouvrez un dictionnaire de poche de Littré, de Gazier, de Larousse, au nom propre : Lebon vous lirez dans Littré : Lebon, ingénieur français, inventeur du gaz d'éclairage. Dans Gazier : Lebon, ingénieur français, inventeur de l'éclairage au gaz; dans Larousse : Lebon Philippe, né à Bruchay (Haute-Marne) inventeur de l'éclairage au gaz. Rebuté en France, il alla porter sa découverte en Angleterre (1769-1815). Il fut assassiné. On a élevé une statue à Lebon sur une place de Chaumont. C'est donc une vraie notoriété recommandable à tous égards.

Prenez maintenant l'Encyclopédie la plus récente, la plus lue, *Brockhaus ConversationsLexicon*, dix-sept vol. in-4°, deux colonnes serrées à la page), ouvrez-la à : gaz de l'éclairage... vous y trouverez un article très long, orné de gravures nombreuses; vous lirez beaucoup de noms propres, mais vous chercherez en vain celui de Philippe Lebon. *Il n'est même pas mentionné*. C'est du *démarquage* éhonté, que l'on me passe ce néologisme qui rend bien ma pensée.

Dans le sujet qui m'occupe, et avant les dernières découvertes, le plagiat, l'amplification, l'exposé des traditions ridicules ont été de règle. Chacun a copié son devancier; seulement les assertions ont revêtu une forme plus scientifique, en harmonie avec les découvertes chimiques et physiologiques de chaque époque.

Je diviserai cette revue en deux périodes ou parties :

1° Depuis les temps les plus reculés jusqu'à la découverte du rôle des ovaires, des ovules par Harvey et de Graaf.

Harvey a, dit-on, importé cette découverte d'Italie en Angleterre. Il la devrait à un médecin italien.

2° Depuis la découverte des ovaires, ovules et de leur rôle dans la génération jusqu'à nos jours.

Lorsque les animalcules eurent été découverts, que Harvey eut lancé son fameux axiome : *Omne vivum ex ovo*, on crut voir dans les spermatozoïdes les molécules dont Hippocrate avait fait mention. Buffon s'empressa même de relever ces ingénieux aperçus et de les approfondir. Il affirma de plus avoir trouvé dans l'ovaire de la femme des animalcules spermatiques, etc., etc.

Ainsi, jusqu'à la loi de l'alternance.

rien de positivement sérieux, comme on le verra par la suite, n'a été avancé.

Beaucoup d'auteurs, de soi-disant expérimentateurs, ont étayé les conclusions auxquelles ils ont voulu arriver d'observations faites sur des abeilles ou des animaux quelconques, poules, chiens et autres. Il m'importe peu, pour l'heure, de savoir ce qui se passe dans la série des êtres ; je n'ai en vue que l'espèce humaine dans sa plus haute expression, la femme. Les preuves tirées de l'examen de la reproduction d'êtres aussi différents d'elle, au point de vue anatomique et physiologique, que les abeilles, ces prétendues preuves, dis-je, me touchent fort peu.

Hufeland a fait la remarque très judicieuse que les œufs de poisson fécondés avec la même semence donnent indistinctement naissance à des mâles ou à des femelles, ce qui prouve que la sève réside non dans le sperme, mais dans l'œuf.

Cela est *absolument* vrai d'après la loi de l'alternance et les faits qui l'ont confirmée. A la femme seule est échu le rôle de former les sexes.

Hippocrate. — Jusqu'au vieillard de Cos, rien de curieux n'a été exposé sur la génération.

En 1559, Guillaume Christian, médecin de la belle Diane de Poitiers, publia sous le titre : *Hippocrate, De la progéniture*, la traduction suivante :

« La femme, et pareillement l'homme, produit une semence quelquefois puissante, quelquefois débile.

Et tout ainsi que l'homme ha la semence masculine et féminine, aussi l'ha pareillement la femme. Mais la masculine est plus puissante que la féminine. Et pourtant il est nécessaire que de la plus puissante semence soit formé et engendré le mâle. Mais il ne faut pas moins ajouter de foy aux choses que je veux maintenant dire. Si encore le père et la mère donnent une très puissante semence, il s'engendre un mâle; mais s'ils la donnent débile, il s'engendre une femelle. Si toutefois l'une est en plus grande quantité que l'autre, l'enfant lui sera semblable. Car s'il y a beaucoup plus grande quantité de la semence débile que de la puissante, et que encore celle qui est la plus puissante soit surmontée en se mêlant avec la débile, elle est contrainte d'être réduite à la femelle.

« Mais s'il y a davantage plus de semence puissante que de la débile, et que la débile soit surmontée, elle se convertit à mâle. Comme (pour exemple) si quelqu'un mêlant du suif et de la cire ensemble les faisoit fondre au feu, cependant qu'ils seront confus et liquides, il n'est pas aisé de cognoistre ne discerner lequel des deux est en plus grande quantité; mais, après qu'ils sont refroidis et coagulés, chacun peult cognoistre qu'il y a beaucoup plus de suif que de cire. Aussi fault juger de la semence du mâle et de la femelle. Or, par les choses que l'on veoit évidemment advenir, l'on peut facilement entendre que, tant en l'homme qu'en la femme, il y a géniture tant pour engendrer mâle que femelle. Car y a plusieurs femmes ne hont reçeu ne enfanté de leurs maris que des filles seulement, lesquelles toutefois, étant depuis conjoinctes avec autres hommes, ont enfanté des fils.

« Et aussi les marys mesmes desquels les femmes n'enfantoient que des filles, eux étant conjoincts avec d'autres femmes, ont engendré des masles. Et ceux qui ne faisoient que des masles seulement ont engendré des filles avec d'autres femmes. Laquelle raison, certes, conclud pleinement que, tant en la femme comme en l'homme, est contenue semence masculine et féminine. Car, en celles qui engendroient des masles, la semence qui estoit plus débile estoit surmontée et se faisoit un mâle. Toutefois il ne se produit pas toujours d'un même homme une semence puissante, ne toujours aussi débile, mais diverse. Car quelquefois il la produict d'une sorte, et quelquefois d'une autre, *et pareillement la femme.* D'où s'en suit que nul ne se doibt émerveiller de ce que mesmes hommes avec mesmes femmes engendrent tantôt un enfant mâle, tantôt une femelle, et pareillement aussi ès bêtes brutes y a une même raison, tant d'engendrer mâle et femelle que de la semence même. Or, en l'homme et en la femme, elle procède de tout le corps, c'est à savoir qu'elle est débile de ceux qui sont débiles et puissante de ceux qui sont puissants.

« Donc est nécessaire aussi que la

progéniée en naisse telle et semblable. Et certainement, si du corps de l'homme, il procède plus de semence pour la génération que de la femme, cet enfant-là serait beaucoup plus semblable au père : mais s'il en provient davantage du corps de la femme, il sera plus semblable à la mère. Mais il est impossible que l'enfant soit du tout semblable à la mère, et qu'il n'ait rien semblable au père; ou au contraire de cela ou bien qu'il ne soit en rien semblable ne à l'un ne à l'autre. Mais véritablement il est nécessaire qu'il soit en quelque chose semblable à tous deux, au moins si la semence procède du corps de l'un et de l'autre pour la génération de l'enfant. Mais celuy des deux qui aura plus produit de semence pour la ressemblance. ou plus de parties du corps, à celui-là l'enfant ressemblera en plus de choses. Et advient quelquefois qu'une fille produite soit en plusieurs choses beaucoup plus semblable à son père qu'à sa mère, et qu'un fils né ait beaucoup plus grande ressemblance à sa mère qu'à son père. Et ces choses sont les arguments de ma première sentence et opinion qui est qu'en l'homme et en la femme y a puissance d'engendrer tant mâle que femelle.

« Outre plus, il advient quelquefois que de père et mère gros et robustes naissent enfants grêles et débiles. Mais, si telle chose se fait après avoir, au précédent, fait et reçu plusieurs enfants, il est certain que l'enfant ha esté malade au ventre même de la mère, et que ce mal lui soit venu ou par le vice de la mère, ou parce que le nourrissement dont il se devait accroître soit écoulé au dehors, la matrice étant alors par trop ouverte, et, pour cette cause, l'enfant soit devenu débile. Car tous animaux deviennent malades selon leurs vertus. »

Avicenne. — Le célèbre Avicenne, prenant pour point d'appui la doctrine d'Hippocrate, assigna les caractères suivants à la procréation des mâles et des femelles :

« L'homme prédestiné à procréer des mâles est d'une grande force physique; il joint à la souplesse la fermeté des chairs; il a le sperme épais, abondant, les testicules gros, les veines apparentes, un appétit vénérien; il ne ressent point de fatigue du coït, il est sujet à des pollutions spontanées, et sa semence s'écoule du testicule droit, le premier développé à son adolescence. »

S'il fallait que le père réunît tant de brillantes conditions pour engendrer un mâle, la société risquerait fort de devenir une nouvelle colonie rocheloise, laquelle finit par ne plus posséder que des filles et diminuer petit à petit d'importance.

On remarquera, en passant, l'idée drôlatique d'assigner au testicule droit le rôle de la génération des mâles. Tout le monde sait qu'un homme n'ayant qu'un seul testicule procrée aussi bien des enfants mâles que des femelles.

Pour être apte à procréer des mâles, dit encore Avicenne, la femme doit avoir la semence épaisse ; elle doit être jeune, de coloration et de formes régulières, n'accuser ni mollesse, ni pesanteur du corps, avoir les yeux tournés vers le brun, les veines extérieures, les sens et les mouvements en parfaite harmonie, le naturel heureux, l'esprit gai, la digestion bonne, le ventre exempt de l'habitude de la constipation, exempt de celle du relâchement ; le col de la matrice en opposition directe avec la vulve, les membranes précoces, mais ni fluides, ni crues, ni aqueuses, ni brûlées et la conception prompte, par la force et l'ardeur du tempérament, le peu de développement de graisse et le peu d'humidité de son utérus. »

Hercule dans l'antiquité, sur 72 enfants n'eut qu'une fille. Gédéon qui fut l'un des princes du peuple hébreu, était d'un tempérament si chaud et si actif qu'il engendra 71 enfants mâles sans qu'il soit parlé d'aucune fille.

Nicolas Venette. — Dans la première édition de son très curieux livre qui parut ensuite pendant très longtemps sous des titres différents, suivant les pays où il était imprimé, Nicolas Venette montre qu'il ne connaissait pas les découvertes de Graaf. — Il en est encore aux principes, humide et sec, comme on le verra en lisant la longue citation tirée de son ouvrage.

C'est lui principalement qui a fait tous les frais des pseudo-inventions de nos publicistes modernes. La grande théorie, le grand moyen de

M. Debay est emprunté à Nicolas Venette. Seulement, la mise en scène en paraît plus scientifique au premier abord; je remets à plus tard la discussion.

Nicolas Venette dit : « Les principes de l'homme et de la femme sont fort différents, puisque l'un et l'autre ont des inclinations si opposées. Le principe de l'un est plus chaud, plus sec et plus resserré; et le principe de l'autre plus froid, plus humide et plus mollet.

— L'expérience nous a fait connaître cette vérité, car une femme grosse d'un garçon sera ordinairement plus vermeille et se portera beaucoup mieux que si elle l'était d'une fille; la chaleur d'un garçon échauffe et excite la mère, au lieu qu'une fille par sa froideur augmente le froid et l'humide de son tempérament; ce qui la rend valétudinaire et malade pendant toute sa grossesse. S'il se rencontre quelquefois des femmes qui soient d'un tempérament plus chaud que quelques hommes, on n'en doit pas imputer la cause à la nature, mais aux humeurs de la mère qui les a portées dans ses flancs, au lait de la nourrice qui les a allaitées, à l'exercice et aux aliments chauds dont elles ont usé pendant leur vie.....

— ..... L'imagination de la femme, quelque forte qu'elle soit, ne peut encore produire cet effet (de rendre le produit de la conception mâle ou femelle selon son désir). Car combien y a-t-il de femmes qui n'ont que des filles et qui ne peuvent avoir des garçons, bien que leur imagination soit incessamment embarrassée et comme farcie de l'idée de ces derniers? L'imagination ne change ni nos humeurs, ni leur tempérament: la bile ne saurait par sa force devenir pituite, et la matrice qui a des dispositions pour une fille ne saurait par son moyen en avoir pour un garçon; le tempérament de l'un et de l'autre étant trop éloigné, leur matière trop opposée et leurs parties trop différentes....

— ..... Il est donc véritable que ce n'est ni la matière, ni le sang des règles, ni l'imagination de la femme, ni la ligature des parties génitales du mâle (puisque l'expérience nous a désabusés là-dessus, et nous a fait voir que les hommes qui avaient perdu à la guerre le texticule droit ne laissaient pas d'engendrer des enfants de divers sexes), ni enfin les astres qui sont les causes prochaines de la génération des mâles et des femelles ; mais que c'est plutôt la disposition et le tempérament de la matière dont nous sommes formés....

. . . .

Première règle. — « On ne voit guère de trop jeunes ni de trop vieilles gens engendrer des garçons. Ils ne font ordinairement que des filles. La chaleur est trop faible dans les premiers pour cuire et perfectionner la semence. Les derniers sont trop languissants et la glace de leur âge s'oppose à l'abondance et à la chaleur des esprits qui doivent contribuer à former un garçon. Et parce que la semence n'est qu'un excrément de tout le corps et des testicules, il faut que toutes les parties soient fortes et vigoureuses pour engendrer de la matière à faire un garçon, ce qui ne se rencontre ni dans les uns, ni dans les autres.

Deuxième règle. — « La façon de vivre est une des principales causes de la formation du sang et des humeurs; si l'on mange et que l'on boive des choses succulentes, chaudes et pleines d'esprits, les humeurs participent de ces mêmes qualités, et la semence a alors des dispositions pour un garçon à venir. Mais si les aliments sont froids, quelle apparence qu'elle puisse servir à engendrer de la matière pour former un garçon?

— Elle n'aura tout au plus que des

dispositions pour le corps d'une fille.

— Et l'expérience nous apprend que ceux qui se nourrissent d'aliments chauds et succulents et de chair d'animaux lascifs acquièrent par là, non seulement la force d'engendrer, mais aussi de faire un garçon, pourvu qu'il y ait tant soit peu de vivacité dans leur tempérament.

Troisième règle. — « Il n'est pas besoin de manger ni de boire beaucoup, et à contretemps, quand on a dessein de faire un garçon. La chaleur est plus vive et plus forte quand nous sommes réglés.

— L'excès cause des crudités, et l'on ne voit guère d'hommes ni de femmes déréglés à table qui engendrent des garçons. Leur semence n'a presque point de chaleur ni d'esprit, et, parce qu'elle est indigeste et imparfaite, elle n'est propre qu'à former une fille.

Quatrième règle. — « Si le manger et le boire éteignent notre chaleur naturelle quand nous les usons avec excès, l'action déréglée de l'amour nous épuise et nous rafraîchit, de telle sorte qu'après nos embrassements réitérés nous n'engendrons que des filles. L'expérience nous le fait voir dans les jeunes gens qui, dans les premiers jours de leur mariage, se caressent si éperdument qu'ils n'engendrent point du tout ou, s'ils engendrent, ce n'est ordinairement que des filles. Que l'on fasse réflexion sur tous les mariages que l'on fait aujourd'hui parmi les hommes, l'on y rencontrera sans doute beaucoup plus de filles aînées que l'on n'y rencontrera de garçons. Les jardiniers impatients ne recueillent jamais de bonnes graines.

— Ils dessaisonnent toujours la terre et, quand ils veulent la semer, ou ils sont frustrés de leur attente, ou les plantes qui en viennent sont faibles et languissantes. Nous nous pressons trop pour l'ordinaire quand nous nous caressons et, si nous savions nous modérer, notre ouvrage serait plus parfait et durerait plus longtemps. Si, lorsque nous caressons une femme, nous nous contentions d'une fois, il en naîtrait apparemment un garçon, au lieu que, si par hasard une femme conçoit de la seconde ou de la troisième fois qu'on embrasse l'une après l'autre, il n'en naîtra assurément qu'une fille; ou, s'il reste encore quelques esprits vifs et pénétrants dans la matière qui doit servir pour un garçon, il sera fort petit et peut-être défiguré par le peu de matière et d'esprits que lui fournira son père.

— Nous voyons tous les jours de jeunes femmes qui n'ont fait que des filles avec un homme et qui, étant mariées avec un autre, ne produisent que des garçons. La chaleur de notre jeunesse nous précipite dans les délices de l'amour : notre semence n'est pas plus tôt faite qu'elle est épanchée, et nos emportements amoureux durent souvent dans les deux sexes jusques à l'âge de vingt-cinq ou de trente ans. Mais si un homme ne caressait sa femme que trois ou quatre fois le mois, la semence de l'un et de l'autre serait plus cuite, plus épaisse et plus remplie d'esprits. Elle aurait plus de dispositions à former un garçon que si on l'épanchait plus souvent. Et c'est assurément pour cette raison que les vieillards font quelquefois des mâles, car, comme ils manquent presque de chaleur naturelle et que leur semence est crue et faible, s'ils n'attendaient deux ou trois mois pour donner le temps à la nature de la cuire et de la perfectionner, ils ne sauraient déterminer la semence de la femme à leur donner un successeur.

Cinquième règle. — « L'expérience m'a fait encore remarquer que, si les femmes qui ont des règles modérées conçoivent après leur écoulement, elles font pour l'ordinaire des garçons. Mais, si elles ont des règles abondantes et qu'elles engendrent avant que ces règles paraissent ou dès qu'elles finissent, elles font toujours des filles. Si nous examinons la cause de ces différentes productions que nous avons souvent observées, nous trouverons qu'elles prouvent clairement l'opinion que j'ai établie. Car les femmes qui ont abondamment leurs règles étant d'un tempérament plus humide que les autres, elles peuvent produire en elles-mêmes de la semence propre à faire un garçon, puisque la complexion de leur corps et de leurs humeurs est opposée à la génération d'un mâle. Dans le temps que les règles coulent encore, la matrice en est humectée et rafraîchie tout ensemble, et, bien que cette partie pût réserver alors une semence pleine de chaleur et gonflée d'esprits, son intempérie et celle de tout le corps serait pourtant une cause qui diminuerait cette même chaleur et qui dissiperait une partie de ces esprits. Au lieu qu'une femme qui a ses règles modérées est agitée d'autant de feu et de chaleur qu'il lui en faut pour un garçon : la semence qu'elle engendre est chaude, sèche, bien cuite et, après que la matrice s'est une fois défaite de toutes ses impuretés et qu'elle a été échauffée par le passage du sang qui y a coulé avec médiocrité, elle devient encore mieux disposée qu'auparavant : si bien que la semence de l'homme y arrivant, elle la dissout et la raréfie alors plus promptement pour la faire devenir propre à donner des caractères de fécondité au projet du mâle qu'elle conserve.

Sixième règle. — « Enfin j'ai aussi observé que les régions du midi n'étaient pas aussi peuplées d'hommes que celles du septentrion ; qu'il y avait dans les premières six fois plus de femmes que d'hommes (idée de la colonie rocheloise), et que dans les autres les hommes égalaient presque en nombre les femmes ou les surpassaient même.

— Il est aisé, ce me semble, d'en découvrir la cause. La chaleur des pays méridionaux diminue insensiblement la chaleur naturelle. Elle dissipe continuellement les esprits, en tenant toujours ouverts les pores du corps : si bien que l'on n'est ni si vigoureux, ni si grand mangeur que dans les pays tempérés ou froids. Les humeurs ne sont pas si bien digérées dans ceux-là que dans ceux-ci, et la semence dans les premiers est plus propre à engendrer des filles que des garçons. Je dirai encore que, parce que les hommes y sont incessamment pénétrés d'une chaleur étrangère et qu'ils ont accoutumé de jouir des femmes avec excès, ils ont une semence crue indigeste qui est toujours disposée à faire des filles. J'ajouterai à ces raisons que les femmes étant dans une continuelle oisiveté, et leur beauté consistant à ne point marcher pour être trop grosses, quelle apparence y a-t-il que dans cet état elles puissent avoir une semence forte et bien digérée, et que leur intelligence puisse former dans leurs flancs le projet d'un garçon d'une matière si mal cuite? Au contraire, dans les pays tempérés et dans ceux qui sont médiocrement froids, on a beaucoup plus de chaleur naturelle. Le froid bouchant les pores des corps en empêche la dissipation, et la semence étant par cette raison plus chaude et plus remplie d'esprits, on engendre aussi plus de garçons que de filles. . . . .

— C'est encore pour cela même que l'on fait plutôt des mâles quand le vent souffle du côté du Nord. En effet, les vents froids qui règnent dans nos climats le matin et le soir, pendant les saisons les plus chaudes, empêchent l'épuisement de notre chaleur naturelle et arrêtent nos esprits qui se dissiperaient autrement. C'est dans ce temps-là que notre chaleur et nos esprits, se multipliant dans nos corps, vivifient et animent, pour ainsi dire, la semence qui doit servir de principe à un garçon : et s'il est vrai que les bergers, ayant remarqué la vertu de ce vent sur leurs troupeaux, font tous leurs efforts pour les faire accoupler pendant qu'il souffle, dans l'espérance de profiter plus sur les béliers qu'ils ne feraient sur les brebis, on peut dire qu'il n'a pas moins de pouvoir sur la génération des hommes.

— Pour moi, j'ai observé que le vent du septentrion a une telle propriété pour conserver la vie des animaux et pour fortifier leur chaleur que, si par exemple on tire hors de l'eau des carpes ou des anguilles, et puis qu'on les mette dans de la paille, le ventre en haut, on empêchera par ce moyen les premières de mourir pendant trois jours et les autres pendant six; ce que l'on ne saurait seulement faire pendant un jour entier lorsque le vent du midi souffle médiocrement. En effet, il affaiblit les animaux en dissipant leur chaleur naturelle et en faisanf évaporer leurs esprits. Si bien que la coction se fait alors fort mal, le sang et les humeurs se distribuent très lentement, et la semence ne peut avoir des esprits que pour animer le corps d'une femelle. On doit donc conclure, après toutes ces raisons, qu'il y a un art pour faire des garçons ou des filles et que, si l'homme et la femme se marient, lorsqu'ils ne croissent plus, s'ils observent exactement la façon de vivre que je viens de prescrire, s'ils ne se caressent que rarement et qu'ils donnent le temps l'un à l'autre de cuire leur semence et à l'âme de la perfectionner, et s'ils attendent qu'un vent souffle du septentrion au plein de la lune, je suis très persuadé, par l'expérience que j'en ai, qu'ils feront un garçon plutôt qu'une fille. »

Après avoir lu ces fantastiques élucubrations du cerveau de Nicolas Venette, on doit se demander lequel il faut le plus admirer, de l'auteur qui a pu inventer pareilles fantasmagories et surtout les livrer à la publicité, ou bien du lecteur naïf qui a pu donner quelque créance à de pareilles inepties.

Cela dit, il faut tenir pour rigoureusement vrai que tout ce qui a été émis, jusqu'à nos jours, sur le sujet en question n'est, comme j'en ai fait mention précédemment, que la répétition plus ou moins audacieuse et fidèle des rèveries érotiques de Nicolas Venette. En agissant ainsi, on fabrique à peu de frais un nouveau livre avec un ancien, et la publicité venant en aide à la curiosité malsaine, on arrive à la cinquantième édition, comme le philosophe D.... avec son livre plus immoral que sérieux sur l'hygiène et la physiologie du mariage.

Quel résultat utile peut tirer le lecteur de l'absorption fatigante de ces pages pleines de récits lascifs? Rien, absolument rien. Quelques rares perles par ci par là, et encore faut-il chercher avec l'attention la plus scrupuleuse.

Ce qui m'irrite le plus, c'est de voir les bourdes insignes de Venette, consorts et compilateurs, affecter une forme scientifique et sentencieuse qui en impose aux badauds.

Ainsi, dans la dernière phrase de la trop longue citation précédente, Nicolas Venette ose parler de son expérience à l'égard de l'influence des vents sur la formation du sexe des fœtus.

Dionis, 1698. — « Ceux qui admettent pour la procréation le mélange de la semence du mâle et de la femelle infèrent qu'afin qu'il se fasse tantôt des mâles et tantôt des femelles, il faut que la semence que l'on répand domine alternativement sur celle que verse l'autre, et qu'elle ait plus de vigueur, soit par sa quantité, soit par sa qualité. »

Dionis ne veut pas prendre la responsabilité de ce qu'il avance et prête ses propres idées à « ceux qui, etc., etc.)

Pour moi, je défie l'homme et la femme les mieux doués d'obtenir un garçon ou une fille par le procédé Dionis.

Michel-Procope Couteau, 1748. — « Ces variétés constantes..... ont augmenté le soupçon dans lequel j'étais, qu'un des testicules ne servait à faire que des mâles, l'autre que des femelles, et qu'il en était ainsi des ovaires.

— Dans cette hypothèse, il est évident qu'il serait fort aisé d'avoir à son gré des garçons ou des filles. Il n'y aurait qu'à se faire enlever le testicule ou l'ovaire destiné pour le sexe qu'on ne voudrait pas.

Grand merci! en fait de radicalisme, Michel-Procope Couteau aurait rendu des points au plus célèbre de nos communards.

« Je conviens, ajoute-t-il, qu'il pourrait se trouver quelques personnes qui auraient quelque peine à faire personnellement usage de cet expédient; mais il n'y en a point qui ne s'en servît volontiers à l'égard des chiens, des chevaux et des autres animaux; et c'est déjà un grand avantage. Cette opération ne serait que la moitié de celle qu'on fait tous les jours à la plupart d'entre eux.

— Au surplus on pourrait en faveur de ceux qui ne voudraient pas s'y exposer, trouver d'autres moyens moins sûrs à la vérité, mais aussi plus doux. J'en ai un dans l'idée qui dépendrait uniquement de l'adresse des femmes.

— Pour le bien concevoir, il faut observer qu'un homme ne peut pas, à son choix, faire couler la semence des vésicules séminales qui sont à la droite, plutôt que de celles qui sont à la gauche. La femme, au contraire, peut la diriger vers celui de ses ovaires qu'il lui plaît. Elle n'a qu'à se pencher toujours de son côté lorsqu'elle travaille à devenir mère. La liqueur séminale sera, par sa propre pesanteur, déterminée à s'insinuer dans la trompe qui aboutit à l'ovaire qu'elle a en vue. Tant qu'il ne sera pas arrosé par la semence des vésicules séminales auxquelles il correspond, la femme restera stérile. Elle ne deviendra féconde que lorsque cet ovaire sera arrosé par la semence des vésicules séminales qui lui sont analogues. Il est vrai qu'on me demandera maintenant : « Et de quel côté une femme doit-elle se pencher pour avoir des filles? Quel est l'ovaire, quel est le testicule destiné pour les produire. C'est ce que je ne sais pas encore trop bien moi-même.

— L'Histoire nous apprend que Charles II, roi d'Angleterre, abandonna les daines et les biches d'un de ses parents à la curiosité de Harvey, qui en rendit veufs tous les daims et les cerfs, à force de chercher dans les entrailles de leurs femelles à pénétrer le mystère de la génération : il serait à souhaiter qu'il se trouvât un sultan assez généreux pour céder à un habile anatomiste les beautés de quelqu'un de ses sérails sur lesquelles on essayât diverses attitudes jusqu'à ce qu'on en découvrît une propre à faire des filles. L'opposée serait sans doute celle dont il faudrait se servir pour avoir des garçons. Comme les Musulmans n'ont pas pour les sciences autant de goût que les peuples de la Grande-Bretagne, je doute qu'il règne jamais de prince mahométan capable d'imiter le monarque anglais; mais, en revanche, une chose dont je ne doute point, c'est que si, par hasard, quelqu'un en formait le dessein, il ne manquerait sûrement pas d'anatomistes pour remplir l'emploi d'Harvey. C'est une place que je voudrais au galant auteur de la *Vénus Physique*....

— J'ai tenté moi-même quelques-unes de ces expériences avec ma seconde femme : Car j'en ai eu deux, et avec la première, je ne songeais tout au plus qu'à avoir des enfants, quels qu'ils fussent; mais toutes les fois que je travaillais à remplir les vœux de la dernière, qui désirait des garçons, j'avais soin de la faire pencher du côté gauche, et soit par hasard ou par adresse, je n'en ai eu que trois enfants, qui tous trois sont du sexe qu'elle souhaitait.

— Cependant, je ne compte que de bonne sorte sur ces expériences.

— La mort, l'inexorable mort, ne m'a pas permis de les multiplier assez pour attacher à leur succès un certain degré de probabilité.

— C'est dommage que la religion ne nous permette pas d'en faire sur plusieurs femmes dans le même temps : la découverte de la vérité en irait bien plus vite; mais pour l'accélérer d'une façon plus efficace encore, ne pourrait-on pas se servir d'un expédient qui me vient en pensée?.... Ce serait de couper un testicule et un ovaire aux criminels condamnés à mort; de marier ensemble ces demi-eunuques, de leur enjoindre ensuite de devenir pères et mères..., etc..., etc. »

— Que dire de ces pages amusantes, où le genre badin et grotesque règne seul en souverain?

— On ne peut cependant refuser à l'auteur, écrivain spécialiste distingué du temps, une certaine verve caustique, une originalité gaie, qui ne sont pas les moindres attraits du récit. Le radical Couteau avait de l'imagination. Mais, avec cela seul, on perd les meilleures causes. »

Lamettrie, an VII. — Aimables épouses « qui voulez avoir des mâles, mêlez donc un peu de vin à vos nourritures. La nature vous a donné un tempérament humide, la chaleur du vin le ranimera et vous disposera à la formation des mâles; n'en faites pas cependant un usage immodéré; des entrailles noyées dans le vin perdent leur chaleur naturelle, et ne peuvent donner naissance à des mâles vigoureux.

— Bacchus, abreuvé de trop de vin en caressant Vénus, mit au jour la goutte au teint pâle. Soyez aussi, époux, réservés sur les plaisirs de Vénus; des caresses trop fréquentes affaiblissent le germe et le rendent trop aqueux; il n'est plus propre qu'à engendrer des filles. Lorsqu'un rare usage des libertés conjugales a donné assez de temps aux sucs pour se ramasser et remplir les vaisseaux de l'humeur prolifique, qu'alors les deux époux joyeux remarquent les astres favorables à la production du mâle et qu'ils profitent de leur aspect : tels sont le Bélier, les Gémeaux, le Lion, l'éclatante Balance, le Centaure Chiron et l'Urne rayonnante. Les élèves de la chaste Uranie ont aussi reconnu une vertu propre à produire des mâles dans les étoiles errantes, dans Saturne, Jupiter et Mars, et dans le riant Phébus, le père de la lumière; ainsi, lorsque Jupiter paraîtra ou Phébus avec sa lumière, livrez-vous aux travaux de Cypris.

— Les caresses du matin produisent aussi, pour l'ordinaire, ces mâles si désirés; car l'humeur génitale, cuite et digérée par un long repos, donne un fondement solide à l'œuvre conjugale. *L'époux doit aussi se coucher sur le côté*; car dans cette situation la liqueur prolifique se développant dans la partie droite de la matrice, on obtiendra ce qu'on désire.

— Ceux qui veulent aider la nature par le secours de l'art ont soin de se lier le testicule gauche, afin que le droit fasse seul l'office, et que l'autre ne vienne pas affaiblir l'ouvrage en l'inondant d'une essence moins vivifiante. C'est ainsi que le fermier, pour avoir des bœufs vigoureux, noue le testicule gauche du taureau qu'il destine à couvrir de belles vaches. »

Tout cela est du Nicolas Venette pur et simple à grand renfort de mythologie, de cosmographie, etc. La lune et les astres n'ont que faire de l'influence qui leur est dévolue, et s'en passent fort bien.

Robert le jeune, 1801. — « ... Pour réussir parfaitement, il ne faut qu'une inclinaison moyenne sur le côté que l'on veut féconder. Je ne vois pas d'impossibilité à ce qu'on réussisse quelquefois en mettant la femme sur le côté; mais je crois qu'on manquera souvent son objet de cette manière, tandis qu'on ne le manquera jamais de l'autre. Il y a trente ans et plus que l'inspection anatomique des ovaires m'a fait naître l'idée que l'on pourrait à volonté procréer le sexe que l'on désire; il y a trente ans et plus que je médite cette idée et que je la fais exécuter. Je n'y ai rien trouvé de contraire à la raison, ni au bonheur des humains et des gouvernements.... Si, dans cet écrit, je pouvais nommer les personnes qui, d'après mes principes, ont fait ces épreuves avec succès, le reste de mes concitoyens sera bientôt persuadé de la réalité de mon assertion; mais que ceux qui douteront encore en fassent eux-mêmes l'expérience, s'ils veulent en acquérir la certitude; ils sont libres de venir me trouver, je leur en nommerai assez pour les satisfaire....

— ... J'ai reçu le sixième enfant d'une mère qui devenait grosse tous les ans, désirait ardemment un fils, et chaque fois mettait au monde une fille. Après l'explosion de leur chagrin, je leur indiquai les moyens d'avoir un garçon. — Ils n'y prirent garde tout d'abord ; mais dans la suite ils se laissèrent d'autant plus facilement persuader que les six filles avaient été faites le mari couchant à la gauche de sa femme, d'après la lecture de Michel-Procope Couteau, auteur de l'art de faire des garçons en fécondant le côté gauche. On conçoit facilement que le lit doit creuser plus du côté de la femme où couche le mari que de l'autre côté ; que conséquemment l'inclinaison est involontairement faite ; et que, dans cette position, sont nées les six filles de cette dame. En un mot, ils ne s'exposèrent pas, sans prendre les précautions nécessaires pour féconder un œuf mâle, et j'ai eu la satisfaction de leur donner autant de garçons qu'ils en désiraient.

— Dans une famille, j'ai reçu six filles avant que le père se décidât à mettre mon moyen à exécution. Le mari, qui seul était dans la confidence, désirant féconder sa femme pour la septième fois, se ressouvint de mes principes, mais il crut faire mieux; en conséquence il opéra à sa fantaisie et manqua encore son objet. Je lui fis concevoir pourquoi cette méthode est fautive. Par sa structure et la position qu'il avait gardée, il me parut impossible que le *canon de la vie* ne fût pas dirigé vis-à-vis l'orifice de la trompe gauche. Il répara sa faute; quinze ou dix-huit mois plus tard, sa femme accoucha d'un garçon, après avoir pratiqué mon moyen. »

Millot, 1828. — « Lorsque la force formatrice de la substance procréatrice de la femme est faible et que celle de l'homme ne peut pas exalter ou modifier cette force formatrice, alors il naît des individus femelles ressemblant à la mère. Si, au contraire, la force formatrice de la femme est plus forte, et que celle de l'homme soit comme dans le cas précédent, alors il naît des individus mâles qui ont la forme et la ressemblance de la mère.

— Cette force formatrice de la substance procréatrice de l'homme est-elle plus considérable que celle de la femme, qui est encore ici comme dans le premier cas, alors il naît des individus femmes qui ont la forme du père

— Enfin lorsque l'une et l'autre des substances procréatrices possè-

sperme. Ces qualités se traduisent par les diverses proportions d'azote contenues dans les matières dont les œufs et le sperme sont formés. Le sperme est-il à un degré supérieur d'azotation, le produit sera mâle. Le sperme est-il à un degré inférieur d'azotation, le produit sera femelle. Et qu'on n'aille pas croire que cette théorie soit chimérique; elle repose sur des faits qui se vérifient tous les jours....

— .... La théorie de la détermination une fois établie, les moyens d'obtenir le résultat désiré se présentent d'eux-mêmes comme une conséquence logique. Nous avons vu que les expériences de Duméril, de Liebig, de Coste, avaient fourni la preuve que, selon les qualités de la nourriture on obtenait des mâles et des femelles; les expériences de Spallanzani avaient aussi démontré que la détermination sexuelle dépendait de la quantité de la liqueur fécondante. Or, les moyens que nous proposons sont déduits de ces expériences et se trouvent dans le régime alimentaire et l'hygiène.

Procréation mâle. — « Dans un mariage où la prédominance existe et où les procréations sont ordinairement femelles, il faut, pour obtenir un garçon, que les époux se soumettent au régime suivant :

Régime de l'homme. — « Pendant vingt ou vingt-cinq jours, l'homme prendra exclusivement des aliments substantiels et toniques. Il se nourrira de consommés, de bifteck, de rosbif, de côtelettes, de gigot de mouton, de gibier noir. Ces viandes sont d'autant plus réparatrices et stimulantes qu'elles contiennent plus d'osmazome. Il devra se livrer à des exercices propres à augmenter l'activité des fonctions nutritives. La natation, les bains de mer ou de rivière en été, sont un précieux moyen qu'il ne doit pas négliger. Si sa constitution le rend un peu tiède en amour, il devra vers le quinzième jour de son régime user de quelques aliments réputés aphrodisiaques, la truffe, par exemple, la morille, le homard, les écrevisses, le poisson, enfin, deux verres par jour de l'hypocras aphrodisiaque. La flagellation est aussi un puissant moyen d'excitation génitale dont on pourra se servir au besoin.

Pendant toute la durée de ce régime, l'homme devra se priver de tout plaisir amoureux.

Régime de la femme. — « La femme suivra un régime opposé. Elle se nourrira de soupes, de potages maigres, de viandes blanches, agneau, poulet, etc..., etc..., d'aliments féculents et mucilagineux, tels que vermicelle, semoule, tapioca, macaroni, carottes, navets, laitues, petits pois, épinards et toute espèce de légumes. Elle fera usage de boissons aqueuses et rafraîchissantes telles que orangeade, limonade, eau de groseille, émulsions, etc..., etc .., elle prendra des bains entiers plutôt chauds que tièdes, et gardera autant que possible le repos.

— Lorsque la prédominance de

l'homme se sera établie sur celle de la femme, les époux choisiront, pour se rendre le devoir conjugal, les quatre jours qui doivent précéder l'époque menstruelle, car c'est à cette époque que la fécondation est plus certaine. »

N.-B. — C'est une erreur commise probablement à dessein et dans le but de faire nouveau.

« Pendant l'accomplissement de ce devoir, l'homme déploiera toutes ses puissances affectives et génitales, c'est-à-dire toutes ses forces physiques et morales réunies, et arrêtera sa pensée sur le but qu'il se propose d'atteindre. La femme au lieu de tressaillir sous cette brûlante étreinte, devra attendre le moment de la fécondation dans le recueillement. »

Procréation femelle. — « Dans un mariage où la prédominance du mari produit des garçons, celui-ci devra se mettre au régime alimentaire débilitant que nous venons de décrire, tandis que la femme suivra le régime substantiel tonique également décrit afin que l'interversion de la prédominance ait lieu ; de plus, chez celles qui par leurs formes anguleuses, se rapprochent de l'homme, et dont la féminité est par conséquent moindre, il faut employer des stimulants génitaux énergiques, des aphrodisiaques, des lotions excitantes, etc..., etc. ; la flagellation, dans ce cas, produit de bons effets. »

Et voilà ce que M. Debay appelle sa théorie nouvelle, renouvelée des Grecs, d'Hippocrate, Galien et autres, ou plutôt d'une cuisine amoureuse plus ou moins complète.

J'ai déjà dit sur cet auteur tout ce que je pense de lui. Je bornerai là mes commentaires.

Dans ce court exposé, je n'ai voulu citer que les auteurs les plus connus. J'en ai omis à dessein un nombre considérable pour éviter de longues et fastidieuses répétitions.

Je terminerai cet historique par la discussion rapide de quelques théories émises dans ces trente dernières années par des physiologistes honnêtes, convaincus, vrais savants, dont les assertions font ordinairement autorité dans les sciences biologiques.

MM. Coste, Schirac, Huber, ont cherché à prouver que le sexe de l'embryon dépendait du degré de maturité que possède l'œuf quand il rencontre les spermatozoïdes. Un œuf incomplètement mûr donne des femelles ; un œuf mûr donne des mâles.

Cette assertion, plus scientifique dans la forme, a été formulée d'une manière originale par Aristote, puis Tiédemann qui prétendaient trouver dans les femelles des mâles inachevés, incomplets. Cette doctrine a été soutenue aussi par les Pères de l'Église, saint Thomas d'Acquin entre autres.

Les conclusions vagues et incomplètes des auteurs susmentionnés ayant pour fondements les observations et expériences faites sur les abeilles, je passe outre.

Un professeur de Genève, M. Thury, a tenté d'appliquer aux mammifères les prétendues lois de l'ovologie.

« Je donnai pour instruction, dit-il, à M. G. Cornaz, de faire saillir au commencement de la chaleur pour avoir des femelles, et à la fin pour avoir des mâles. Le résultat fut tel que je l'avais prévu. «

A cela je répondrai : « La loi de l'alternance est vraie et facile à vérifier pour les mammifères unipares comme la jument, la vache. Il y a un point essentiel, capital, qu'on ne nous dit point par ignorance probable, il est vrai; il aurait fallu faire connaître le sexe des petits mis bas l'année précédente. »

Une preuve plus évidente encore de la non-valeur de ces affirmations m'est fournie par l'examen d'une portée de jeunes chiens. La chienne et la chatte ont ordinairement un utérus multiple. Dans des cas assez fréquents, où l'on veut sauvegarder la pureté de la race, on surveille attentivement la femelle, pendant la période du rut, pour l'enfermer bientôt dans un chenil ou une pièce quelconque, lorsqu'on a pu trouver un mâle de son espèce. Après une journée, voire même quelques heures de cohabitation, la conception a lieu et, au bout de deux mois environ la chienne, par exemple, met bas des mâles et des femelles. A quoi bon alors la doctrine infaillible de M. Thury lequel, prévoyant l'objection, est allé au-devant et a bien voulu admettre que l'application du principe de sexualité est moins facile lorsqu'il s'agit d'animaux multipares.

M. Coste a repris les expériences

de M. Thury sur des poules. Il n'a obtenu aucun résultat.

Un auteur dont je tairai le nom, affirme avoir appliqué et fait appliquer sur l'espèce humaine les principes du professeur Génevois. Des résultats obtenus il a tiré les conséquences suivantes :

Les rapports sexuels pratiqués pendant le dernier jour des règles ou pendant les deux premiers jours qui suivent leur cessation donnent naissance à des filles.

Les rapports sexuels pratiqués cinq à six jours après la fin des règles donnent naissance à des mâles.

Tous ces soi-disant préceptes sont ridicules et enfantins.

MM. Hofacker et Boudin, Lucas Giron de Buzareignes, ont étudié l'influence de l'âge des parents sur le sexe des enfants.

D'après eux, les femelles trop jeunes ou trop vieilles donnent naissance à des mâles. Les mâles trop jeunes ou trop âgés engendrent des femelles.

Les hommes mariés trop jeunes ont habituellement plus de filles que de garçons.

Le sexe masculin prédomine quand le père est plus âgé que la mère; — le sexe féminin prédomine quand la mère est plus âgée que le père;

Les parents de même âge engendrent plus de filles;

Les parents d'âge différent engendrent plus de filles, si la mère est plus âgée que le père; engendrent plus de garçons, si c'est au contraire le père qui est plus âgé que la mère.

Pour réfuter victorieusement toutes ces conclusions, je me contenterai de donner une statistique de Sadler.

Dans cette statistique on lit avec le plus grand étonnement :

1° Que c'est dans toute la force de l'âge, de 36 à 41 ans, que les nobles lords ont fait à leurs dames le moins de garçons ;

2° Que c'est au contraire, dans la période de déclin, de 51 à 61, qu'ils en ont procréé le plus ;

3° Que dans l'âge le plus tendre, au-dessous de 16 ans, ils ont fait plus de garçons que dans les périodes de 21 à 26, — de 26 à 31, — de 31 à 36, — de 36 à 41, — de 41 à 46.

Les statistiques, habilement maniées, disent tout ce que l'on veut, même les plus grosses bourdes.

Comme il ne faut rien négliger de ce qui a trait à la procréation, mettre la femme dans les meilleures conditions de mener à bien et au bout la conception réalisée au moment voulu, lui donner le maximum des forces de résistance, j'ai cru devoir ajouter aux *Considérations* le chapitre de La Petite Bible des jeunes époux qui a pour titre *le Secret des Orientales*.

Le Secret des Orientales.

Le touriste qui, pour la première fois, parcourt l'Orient africain, l'Asie Mineure, la Grèce, est ravi de la beauté des femmes indigènes des grandes villes, Arabes et Juives, de la fraîcheur de leur teint, de la richesse de leur carnation, mais en même temps il est frappé du développement souvent exagéré de leurs rondeurs naturelles.

Tel ne fut pas mon étonnement lorsque, chargé d'une mission, je débarquai à la Goulette, car je me souvins tout à coup d'avoir lu, enfant, dans un livre intitulé : *Souvenirs de voyage*, par Saint-Marc Girardin, la traduction d'un chant grec moderne dont le refrain est resté gravé dans ma mémoire :

> Collines abaissez-vous, abaissez-vous,
> Laissez-moi voir ma douce fiancée
> S'avancer, pareille à une oie grasse
> Dans la campagne.

Du costume levantin, très riche dans la classe aisée, toujours pittoresque même chez les pauvres, plus ou moins collant de la ceinture aux pieds, je ne ferai pas la description très attrayante. Souvent, durant les jours de chaleur, un simple haïk de gaze et dentelles les voilant; il m'est arrivé de contempler les globes fascinateurs des jeunes Juives ou Mauresques. Alors, profitant des facilités de toucher que procure l'étroitesse des rues de la Tunis arabe, j'ai pu me rendre compte, par de furtifs attouchements et de tendres pressions qui faisaient épanouir les roses du rire sur les lascives figurines, que leurs chairs étaient fermes, point molles et fluctuantes comme, le plus souvent, les masses adipeuses des *Boules de suif* européennes.

De là surgirent en moi le vif désir, l'ardente curiosité de connaître à fond les procédés employés par ces Orientales afin d'obtenir cette riche carnation, cette adiposité planturcuse, engageante et marmoréenne. Après plusieurs années de questions, de recherches, d'études infructueuses, j'ai pu enfin décider une jeune Juive et une Arabe de la Régence à me narrer le récit de leurs pratiques bien simples et à me faire connaître les substances inoffensives. tirées du règne végétal, dont on se sert journellement dans les familles du Levant. Puis j'ai expérimenté moi-même sur plusieurs jeunes filles ou femmes et des résultats heureux ont toujours couronné les espérances.

La durée du traitement varie selon la performance souhaitée.

Lorsqu'une Juive ou Mauresque doit se marier, sa mère procède, quelques mois avant l'hyménée, à l'examen de son corps. Si elle le trouve trop mignon, trop veule, à peine agrémenté d'une simple apparence mammaire, elle soumet sa fille à un traitement qui dure de quatre à cinq mois.

Lorsqu'une jeune femme, Juive ou Mauresque, voit ses charmes se flétrir, soit à la suite des doux combats amoureux trop répétés de la lune de miel, soit après des couches fréquentes ou des maladies, elle s'empresse de procéder à l'engraissement méthodique, crainte de perdre l'affection de son mari ou de son amant.

Elle cesse le traitement quand elle est parvenue au degré désiré.

Voici les principaux effets de cet aliment spécial. L'un des premiers est, au bout de quatre semaines, le plus souvent de quinze jours, une sensation de gonflement général cutané, de soulèvement de la peau à la région pectorale avec augmentation de l'appétit.

Bientôt une très légère démangeaison agréable, sans éruption aucune, se manifeste aux seins, qui deviennent turgescents, érectiles, et grossissent.

C'est par eux que commence toujours le développement de l'embonpoint, la fixation des éléments graisseux de bon aloi.

Une femme très maigre, mariée, aura besoin de cinq mois de traitement, en ayant bien soin de ne pas trop marcher, de ne pas veiller, d'accomplir ses devoirs conjugaux seulement une fois par semaine, pour que ses formes puissent égaler en rotondité, sinon en perfection, celles de la *Vénus de Milo*.

TABLE DES MATIÈRES

67816. — PARIS, IMPRIMERIE LAHURE
9, rue de Fleurus, 9

www.ingramcontent.com/pod-product-compliance
Ingram Content Group UK Ltd.
Pitfield, Milton Keynes, MK11 3LW, UK
UKHW012218240726
13966UKWH00003B/837

9 782011 930040